U0333974

Zhongguo Wenhua
Zhishi Duben

中国文化知识读本

窑洞

主编 金开诚
编著 冯秀

吉林出版集团有限责任公司
吉林文史出版社

图书在版编目（CIP）数据

窑洞 / 冯秀编著 .—长春：吉林出版集团有限责任公司：吉林文史出版社，2009.12（2022.1 重印）
（中国文化知识读本）
ISBN 978-7-5463-1285-9

Ⅰ.①窑… Ⅱ.①冯… Ⅲ.①窑洞–简介–中国
Ⅳ.① TU929

中国版本图书馆 CIP 数据核字（2009）第 223045 号

窑洞

YAO DONG

主编/ 金开诚 编著/冯秀
责任编辑/曹恒　崔博华 责任校对/刘姝君
装帧设计/曹恒　摄影/金诚　图片整理/董昕瑜
出版发行/吉林文史出版社　吉林出版集团有限责任公司
地址/长春市人民大街4646号　邮编/130021
电话/0431-85618717　传真/0431-85618721
印刷/三河市金兆印刷装订有限公司
版次 /2009 年 12 月第 1 版　2022 年 1 月第 4 次印刷
开本/650mm×960mm　1/16
印张/8　字数/30千
书号/ISBN 978-7-5463-1285-9
定价/34.80元

《中国文化知识读本》编委会

关于《中国文化知识读本》

文化是一种社会现象，是人类物质文明和精神文明有机融合的产物；同时又是一种历史现象，是社会的历史沉积。当今世界，随着经济全球化进程的加快，人们也越来越重视本民族的文化。我们只有加强对本民族文化的继承和创新，才能更好地弘扬民族精神，增强民族凝聚力。历史经验告诉我们，任何一个民族要想屹立于世界民族之林，必须具有自尊、自信、自强的民族意识。文化是维系一个民族生存和发展的强大动力。一个民族的存在依赖文化，文化的解体就是一个民族的消亡。

随着我国综合国力的日益强大，广大民众对重塑民族自尊心和自豪感的愿望日益迫切。作为民族大家庭中的一员，将源远流长、博大精深的中国文化继承并传播给广大群众，特别是青年一代，是我们出版人义不容辞的责任。

《中国文化知识读本》是由吉林出版集团有限责任公司和吉林文史出版社组织国内知名专家学者编写的一套旨在传播中华五千年优秀传统文化，提高全民文化修养的大型知识读本。该书在深入挖掘和整理中华优秀传统文化成果的同时，结合社会发展，注入了时代精神。书中优美生动的文字、简明通俗的语言、图文并茂的形式，把中国文化中的物态文化、制度文化、行为文化、精神文化等知识要点全面展示给读者。点点滴滴的文化知识仿佛繁星，组成了灿烂辉煌的中国文化的天穹。

希望本书能为弘扬中华五千年优秀传统文化、增强各民族团结、构建社会主义和谐社会尽一份绵薄之力，也坚信我们的中华民族一定能够早日实现伟大复兴！

目录

一 传承千年的民居形式

（一）窑洞产生的自然条件

1. 我国黄土的分布

我国的黄土主要分布在北纬33°—47°之间。新疆和东北地区虽然也有零星的黄土分布，但面积不大，厚度也很小，在10—20米之间。我国黄土分布的广度、厚度及其发育的完整性都是世界罕见的，黄土的堆积主要集中在华北地区。黄河中游地区分布的黄土，发育情况在世界上最为典型。它地跨甘、陕、晋、豫等省，海拔多在1000—2000米之间，构成极为广阔的黄土高原，面积达到53万平方公里。六盘山以西，会宁、通渭间华家岭上的黄土海拔近2000米，自此向西北至黄河沿岸降

陕北延安黄土高原窑洞

窑洞大多分布在黄土高原上

至 1500—1000 米，向东南到渭河上游谷地降到 1000—750 米。陕北靖边白于山山顶黄土海拔高达 1800—1900 米，向南或向东南经过 1000 米左右的董志塬、洛川塬，至渭河平原降至 500 米。黄土的覆盖虽然大大减缓了基底地面的起伏状况，但却没有改变地势总的倾向。

风化后的窑洞

2. 黄土的物理性质

黄土是无层理的黏土与微粒矿物的天然混合物。成因以风成为主，也有因冲积、坡积、洪积和淤积而成。由于不同地区黄土带颗粒细度、矿物成分不尽相同，并且形成于不同的地质年代，从而使各地黄土的物理性质也不尽相同。根据黄土层生成年代的久远程度，可以把黄土划分为午城黄土、离石黄土、马兰黄土和次生黄土。形成年代越久远的，其干容重越大、凝聚力越强、湿陷性越弱。总体来讲，黄土的矿物成分有六十多种，以石英（SiO2）构成的粉砂为主，占总重量的50%左右，因而厚度在 300 米以上的，黄土地层构造质地均匀，抗压与抗剪强度较高。因而在挖掘窑洞之后，仍能保护土体自身的稳定。

3. 黄土高原地貌特征与窑洞的关系

黄土高原上广阔的黄土覆盖层，地形连绵起伏，沟壑纵横，形态复杂，发展速度快，形成了不同类型的黄土地貌。它们是河流泥沙的供给地和初期搬运通道。黄土物质疏松，具垂直节理，易遭受侵蚀。在疏松黄土上由于雨水汇集径流的切割作用，出现切沟，逐渐随着水土流失，黄土沟坡在暴雨中失稳坍塌或滑坡，形成更大的冲沟，深达数十米至百米。黄土塬梁、峁地形是今天黄土高原基本的地貌类型。其中，黄土塬是平坦的古地

古老的窑洞已经被逐渐淘汰

窑洞沉积了古老的黄土地文化

面经过黄土覆盖而形成的，是高原面保留较完整的部分；黄土梁是长条状分布的黄土岭，长达数十千米，顶宽从数十米至数百米，为狭长的平原，两侧为深沟；黄土峁；是弯凸形的黄土丘陵地形，面积大小不一；而黄土丘陵则是若干连在一起的峁，成为梁顶的组成体。窑洞民居村落就分布在这呈现多种地貌的黄土地区。开阔的河沟阶地宽度多达数千米，有许多民居村镇散居其中。由于人口的不断增长和复杂的自然、社会因素，窑洞村落逐渐向沟顶、塬上扩展。

（二）窑洞的历史演变

1. 穴居时期的历史演变

在人类历史的发展过程中，其居住方式也经历了原始穴居、人工穴居与半穴居时期。距今七千至八千年前，出现了半穴居形式。新石器时期出现的穴居、半穴居的“土穴”建筑形式是中国古代建筑具有“土”意义的萌芽。在生产力水平低下的状况下，天然洞穴首先成为最宜居住的“家”，它满足了原始人对生存的最低要求。黄河流域的祖先们在模拟自然、仿兽穴居的过程中，堆积的

窑洞是人类与自然界融合的典范

黄土不但适于植物繁殖，而且具有良好的整体性和适度的松软性，使用简单的石器工具就可以挖掘成洞穴。考古人员先后发现了距今五十至六十万年前各种用于挖掘的石器。可以推断，从远古时期的“窑洞”起，古人类就能够用石器人工挖掘黄土洞穴了。

进入氏族社会以后，在黄土沟壁上开挖横穴而成的窑洞式住宅，也在晋、甘、宁等地区广泛出现，其平面多为圆形，和一般竖穴上覆盖草顶的穴居并无差别。考古学家在山西还发现了“低坑式”窑洞遗址，这是至今在河南等地仍被使用的一种窑洞，即先在地面上挖出下沉式天井院，再在院

窑洞的建造地点少有树木遮挡，十分适宜居住生活

壁上横向挖出窑洞。

2. 窑洞民居的形成

夏、商、西周时期，人类从原始氏族社会进入奴隶制的阶级社会，木制构造的房屋大量出现，但穴居仍然是众多奴隶的居所。

秦汉以后出现了砖瓦，在建筑材料和建筑技术方面有了极大的进步。并且在古籍中首次出现以“窑”字称横穴：“张宗和，中山人也。永嘉之乱隐于泰山……依崇山幽谷，凿地为窑，弟子亦窑居。”（《前秦录十六国春秋》）魏晋及南北朝时期，石工技术达到了非常高的水平，凿窑造石窑之风遍及各地。众所周知的

窑洞一般修在朝南的山坡上

碛口镇李家山村远眺

山西大同云冈石窟、洛阳龙门石窟就是这个时期凿建的。

隋唐时期是中国封建社会前期繁荣发展的高峰，也是中国古代建筑发展成熟的时期。此时，土窑洞已被官府用作粮仓。例如，隋唐时期的大型粮仓——含嘉仓，它是与隋代东都同时营建的。这一时期窑洞建筑已经在民间使用，陕西省宝鸡市金台观张三丰元代窑洞遗址，是至今发现有文字记载的最早的窑洞，始建于元代延祐元年（1344 年），距今有六百多年。最近又发现了许多保存完整的明清时期的窑洞庄园及窑房混建的窑洞聚落精品。

米脂县姜氏庄园

在中国，早期记录人类穴居的文字还有“昔者先王未有宫室，冬则居营窟，夏则居巢”（《礼记·礼运》）、“上古穴居而野处……”（《易·系辞》）《三国志·魏志》卷三十《东夷传》记载，挹娄住房“处山林之间，常穴居，大家深九梯，以多为好。”《隋书·东夷传》记载，沈弃住居“地卑湿，筑土如堤，凿穴以居，开口向上，以梯出入”。

（三）窑洞的产生与农耕文化

庆阳地处祖国大西北、陕甘宁三省的交会处，气候温和。古称北豳，习称陇东，历史悠久，有古语曰“周道之兴自此始”。庆阳是中华农耕文化的发祥地，远

碛口镇窑洞造型气宇轩昂

在二十万年以前，人类就在这里繁衍生息，七千多年前就有了早期农耕。庆阳的悠久历史、绚丽多姿的农耕文化、民俗文化是经过长期积累丰富起来的，庆阳已获得中国民俗学会命名的“窑洞民居之乡”。要了解窑洞的发展就要追溯到远古农耕时期，农耕文化的发展带动了它的发展。经过几千年的风雨洗礼，窑洞亲历着朝代的更替、时代的变迁，有着深厚的农耕文化的痕迹。

夏代，不窋先祖世代为农官，时称后稷。在他承袭其父后稷的官位之时，正值太康政乱破坏农业生产之时，不窋失官，遂率部族奔庆阳一带，在此定居。不窋教民改地穴式

碛口镇窑门

居所为窑洞，重农耕，种庄稼。周族历经从不窑到鞠陶、公刘三代，发展了农业生产，创造了周的灿烂文化。周族重视农业生产，有这样的记载“其民有先王遗风，好稼穑，务本业，故豳诗言农桑衣食之本甚备（《汉书·地理志下》）。在不窑执政时，鞠陶负责挖窑洞，“陶复陶穴以为居”，为当时的人们提供了保障。所谓“陶复陶穴”就是周人根据不同的地理条件而挖的两种形式的窑洞，古代窑与陶相同，有了窑洞，人们的安全有了保障，不再苦于野兽袭击，开始了稳定的生产生活，农业因此而大力发展。

（四）窑洞人民的生产生活

1. 生产习惯

去过庆阳的人都会有这样的体会，庆阳人的憨厚、朴实、勤劳至今不曾改变，他们依然在庆阳这块土地上默默耕耘，持续着千百年的习惯，农业方面的生产技术得到了传承。如今的农事活动虽然较古代有着不可比拟的进步，但在某些方面还是继承和发展了先周的活动内容，八月打红枣、九月收稻

碛口镇李家山村多层窑洞远眺

谷、十月粮进仓以及七月采瓜食瓜瓤、八月葫芦摘个光等都和今天的农事季节相同。九月筑场圃（即在一块地里春夏种庄稼，秋冬修成场）、农忙时送饭到田间、用茅草搓绳捆庄稼、用柴火编织门的习俗，也都一直延续至今。

造型别致的窑门

2. 牲畜饲养

农业生产的发展离不开家畜的饲养和繁殖，而窑洞人民也传承发展了家养牲畜。周人到北豳后，开始养猪，将野猪逐渐驯化为家畜。《公刘》篇中有“执豕于牢”之说，就是把猪圈在猪圈里。部落首领鞠陶的儿子公刘提倡家家户户养猪，后来养猪就成了家的象征，或许“家”字也是由此而来的吧。养羊几乎是北部人民的家庭主业，每年冬初杀羔羊、祭山神、庆丰收的活动，自古延续至今。每年农历三月十八，庆阳人及长武、彬县四方百姓赴公刘庙拜谒祭奠，缅怀这位华夏农耕文化的开拓者。

3. 林果种植

今天的经济林的种植也是传自周祖时期。庆阳地区经济林种植历史悠久、品种繁多、经济效益可观，相当多的经济林品种都来自于周先民的栽植和培育。如李子、梨、桃、枣、桑等。远在轩辕黄帝时代，黄帝就命元妃西陵氏嫘祖栽桑养蚕。先周时期，植桑养蚕就在庆阳得到大力发展。“蚕月条桑”“女执懿筐，遵彼微行，爰求柔桑”的诗句就是真实的写照。桑树是庆阳市的乡土树种，每年一到三月，人们就动手修桑树，将高枝砍掉，让人攀着短枝摘嫩桑。自先周至今，几千年来，庆阳人民延续着栽桑养蚕的习惯。公刘在西王母国访问时，带回了许多桃、梨、枣优良树种。这些树种后来成为古豳地的当家经济林树种，也是今天庆阳市的地方名

古雅漂亮的窑洞民居

嫘祖庙

窑洞民居小院

古朴的窑门

优产品。而在“六月食郁及薁”的诗句中，郁就是郁李，果实酸甜，将郁李枝条嫁接到杏、桃树枝上，就可以结出比杏、桃更香甜的李子。

二　历久弥新的人文风情

延安杨家岭窑洞是延安地区窑洞的代表

（一）窑居村落的民俗与文化

黄土高原历经千年沧桑形成了千沟万壑，它是古老华夏文明的发祥地，闻名遐迩的中国最强盛的封建王朝领袖都埋葬在这块黄土地上，如黄帝陵、秦始皇陵、兵马俑、汉阳陵、唐乾陵。虽然这些都已成为历史，但那种恢弘、犷悍之气却一如既往地笼罩着黄土大地。高原沟壑雄奇、苍凉、空旷而贫瘠，在与大自然的残酷斗争中，造就了粗犷豪放的坚强儿女，同时也诞生了极具特色的“黄土文化”。

1. 歌声

在黄土高原这块贫瘠的土地上，人们

陕北百姓在窑洞前欢庆节日

终日面朝黄土背朝天，原始的耕种劳作之余，他们用歌声唱出心中真挚的爱、宣泄内心的压抑、表达苦难中的坚强，由此产生了原生态的秦腔、陕北信天游这些高亢嘹亮、气势豪放的声音。时至今日，苍凉沟壑中的人们仍然传唱着这些体现自然本色的歌曲，如家喻户晓的陕北民歌《兰花花》《走西口》等。

2. 舞蹈

在黄土高原这块广袤的土地上，歌声、舞蹈总是相伴相随的。民间歌舞中最具特色的要数陕北的秧歌舞。集体娱乐的形式，充分体现了人们的团结精神。其扭动的身姿与变化多端的队列组合在民间歌舞中独树一帜。另外，黄土高原地区的群体娱乐艺术——民间社火集歌舞、锣鼓、表演于一体，社火队伍中的锣鼓形式最能表达黄土高原雄浑的气势和神韵。还有那热情豪放的陕北安塞腰鼓、威风凛凛的山西威风锣鼓、刚健壮观的兰州太平鼓，都是以震天的鼓声、宏大的气势、龙腾虎跃的步伐将力与美表现得酣畅淋漓，让人乐在其中。从那锣鼓声声中，从那威武的队列中，你或许能够领略到秦始皇横扫六合的气势、汉高祖高唱大风的豪气……

3. 剪纸

剪纸，也称窗花，历史悠久、代代相传。

窗花

窑洞的选址有很多讲究

在黄土高原的民俗文化中，剪纸艺术是最为普及的民间艺术，家家户户都喜欢。春节是妇女们展示技艺的时候，窑洞的窗户上、居室内到处贴满了赏心悦目的剪纸。大红的剪纸抹去了黄土窑洞的荒凉，增添了盎然的春意。

4. 风水

中国传统的风水观念也影响着黄土高原

黄土为窑洞的牢固性提供了保障

居上的村落选址与布局。背山面水、负阴抱阳、前有明堂、后有祖山，最好再有“朝山”“龟山”“蛇山”，这是按照风水理论中一块吉地大体上要具备的特征。这种理想山势在平原地区并不容易找到，可是在黄土高原的丘陵沟壑区却相当容易找到“风水宝地”，山西汾西县师家沟村就是一例。

（二）窑洞民居的装饰特征

黄土地上的窑洞村落星罗棋布，窑洞民居产生于黄土地，隐藏于黄土层中，没有明显的建筑外观体量，更不像现代的建筑一样，在自然中显得那么突兀。

米脂县杨家沟窑洞具有浓郁西北风情的院门

窑洞与大地融为一体，潜藏于黄土下，只有向阳的一个立面外露，俗称“窑脸”。这唯一的建筑立面反映出门窗的装饰艺术，展示着窑洞的独特个性。“窑脸”就像人们的脸面，各地窑居者，不管经济条件差别多大，都极力将“窑脸”精心装饰一番。虽说没有粉妆玉砌、金石雕刻，但从简朴的草泥抹面到砖石砌筑，再发展到木构架的檐廊木雕装饰，历代工匠也都将心血倾注在这唯一的立面上。

另外，窑洞院落或窑房混合院落的拱形门洞、门楼，也是传统民居中重点装饰的部位。在传统民居建筑中，宅门是表现房主的社会地位、财富和权势的。而按照中国风水观来说，“宅门”又是煞气的必由之路，所以要贴镇符镇住煞气。贴镇符在民间流传最广且最具感情色彩的形式是贴门神，门神则是众所周知的秦叔宝和尉迟恭，而后来又演化为贴年画、楹联等。

米脂窑洞古城的窑洞式四合院和三合院民居类型，是千百年来陕北人一直传承沿用的居住形式。窑洞民居大多独门独院，建筑装饰的处理都集中在人们的视觉焦点上，其形式大多表现于木雕、砖雕、石雕、门窗、彩绘纹样。米脂窑洞古城中具有文化内涵的建筑和民居建筑装饰艺术的形式都是以实用为目的的，建筑的布局、空间构成、尺度、防护性能、装修构造等都从实用出发。建筑装饰是人们在满足物质生活的需求后，对精神文化层面的要求，是依附于建筑结构、美化建筑结构、深化建筑造型内涵的艺术处理形式。它是一种附

部分窑洞内部采用四合院式的建筑形式

皮影戏表现了独特的窑洞文化

加艺术而并非是单独存在，可以在有限的范围内表达出大众的文化观念，反映一个时代的文化特点，并受到当地社会文化背景、经济技术条件、审美倾向等的制约。南方与北方的建筑装饰在总体上有其差别，在南北方的各自局部地区又有不同，建筑装饰能够表现出强烈的地域特色，北方的虽不比南方的那么繁琐、细腻和华丽，但却有其独特的地域特色——朴素中含真意、粗犷中见精细。

（三）剪纸、皮影戏等与窑洞的关系

窑洞文化的表现离不开剪纸、香包和皮影戏等艺术。“刺绣、皮影、剪纸、陇东秧歌、陇东道情”堪称庆阳民间艺术五绝。民间文艺家曹焕荣先生从事多年的庆阳艺术研究，他曾经说过剪纸、香包和窑洞有着必然的联系。庆阳人用自己的智慧从窑洞影子中学会剪纸，香包又是由剪纸而来，所以这一切都跟窑洞有着必然联系。也正是因为周祖在此开凿了窑洞，为人们提供了安定的生存环境，人们才能充分地发展农业，提高自己的生产生活水平。由于生产力水平的提高，经济的不断发展，财富的不断积累，在物质生活得到满足之后，劳动人民在闲暇时间，才得以凭借自己的聪明才干和在生活中的发现创造了剪纸等艺术。

三　黄土高坡上的建筑风貌

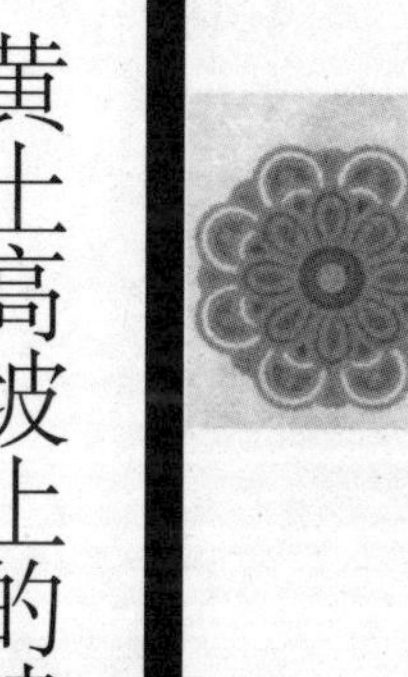

窑洞民居院落

（一）窑洞的形态

在窑洞的居室中，炕和灶是其中最主要的生活设备和活动区域。窑洞的四周都刷上白色的石灰，窗户上也贴满白色的窗格纸，再在居室的墙壁和窗户上配以大红色的剪纸花，这样使得洞穴般的居室显得格外明丽。箱子上、柜子上和瓦瓮上也都绘满了艳丽的图画，与明丽的色彩相映成趣，使窑洞里更充满了生机。

以洛川一带窑洞为例，这里的窑洞一般没有设置专门的客厅，大都是厨房兼客厅，这里是家庭活动的中枢，一日三餐，待客议事都在这里举行，由家中辈分最高

黄土高原上的百姓祖祖辈辈生活在窑洞中

的人居住。里面最主要的设备是当地常见的灶头和炕头，当地有句俗话叫做“锅台挨炕，烟囱朝上”，做饭时的烟火顺便就能把炕烧热，一举两得，所以一般炕头和灶头是挨在一起的。这一带自古以来就是游牧民族和农民主混战居住的地方，炕上铺着毡子，再放上小炕桌，充满了浓厚的黄土高原风格，还流露出一些游牧民族生活的遗风。因为关中交通方便，和中原交流频繁，所以洛川虽属陕北，但也受到关中文化的影响，一些有钱人家里的摆设，几乎是中原式的，在当地殷实人家的客厅里，还可以看到中原一带家庭常用的案几、八仙桌、太师椅、官帽椅等，

窑洞冬暖夏凉

中原式的习俗影响到洛川，说明当地的文化是相互融合的。

洛川塬上典型的窑洞式农家四合院，院门正对着的一排三孔窑洞是正房，两旁是泥墙垒成的偏房，正房住人，偏房养牲口和置放农具。房子里面的墙壁上会钉着搁东西的一排架子，俗称为“板架柱儿”，上面整齐地放着一些瓦瓮和陶罐，这些瓦瓮又叫做面罐，孔隙较大，不能装水之类的液体，因为透气性好，所以用来装着各种粮食，米、面、大豆、糜子、玉米等等。为了保持它的透气性，一般表面都不上釉，最多就用黑色的油漆，薄薄地涂上一层，再在上面画上各种艳丽的花纹图案，如花卉蝴蝶、飞禽走兽、神话故事等。另外还有一些上了釉用来装油的陶罐，被擦得干净铿亮，一尘不染。“板架柱儿”下面是一排水缸，一般都是二到三个。按照当地的习俗，在墙上的空白处要贴上剪纸画，横贴的叫“板架云子”，竖贴的叫“板架对子”。一般房间里会有几个用油漆彩绘得很漂亮的箱子和柜子，基本是当地传统式的。陕北人善做面食，家里做面食的案板和擀面杖或许会让南方人吃惊，最长的

窑洞门前的木门雕刻得十分精致

擀面杖竟有一人高，光是从不同规格的擀面杖就能推测出他们做面食有何等的讲究。

（二）窑洞的挖掘方式

窑洞在建筑学上属于生土建筑，其建筑特点是简单易修、省材省料、坚固耐用。但是它的开凿真的如我们想像中挖个洞那么简单吗？从实地考察窑洞现状中可以发现，单孔窑洞的宽一般是 3.3—3.7 米，高 3.7—4 米，交口 0.3—0.4 米，进深 1.7—1.9 米，平桩高 1.8—2 米，拱部矢高 1.7—1.8 米。现代所修窑洞基本上是在祖辈传下来的基础上翻修的，古代的挖掘方式只有很少的记载，但是在现代人的翻修过程中还是可以得知挖掘方法的。

首先是挖地基。窑洞的方位确定之后开始挖地基，窑洞的地基是由所挖的窑洞类型确定的。如果门前有沟洼，可以用架子车把土边挖边推进沟里,这样扔土方便，比较省力。如果要挖地坑院，经济不好的家庭或地形不利于机械施工的，则完全需要靠人力用笼筐一担一担地担上来，实际上是非常辛苦的。过去人们修窑洞，只能利用农闲、雨天或是饭前饭后挤时间挖土运土,起早贪黑地干活,常常是老幼不得闲。陕北人就是有这样的韧性，这一辈人完不成，下辈人接着干。地基的大致形状挖成

过去，建造窑洞是一项十分辛苦的工作

窑洞前台阶上晾晒的食物充满了生活气息

以后，下一步就要把表面修理平整，当地人叫做“刮崖面子”。刮者的眼力、技艺、手劲和力气要是好的话，就能在黄土上刮出美妙的图案。

地基挖成、崖面子刮好后，就开始打窑。打窑就是把窑洞的形状挖出，把土运走。打窑洞不能操之过急，由于土中水分大，要是太过心急是容易坍塌的。窑洞打好后，接着就是镲窑，也叫“剔窑”“铣窑”。从窑顶开始剔出拱形，把窑帮刮光，刮平整，这样打窑就算完成了。任何一道工序都不能掉以轻心。等窑洞晾干之后，接着用黄土和铡碎的麦草和泥，用来泥窑。多年的经验积累，

依偎在大山下的窑洞民居

陕北人早就知道了泥窑的泥用干土和才有筋，泥成的平面才光滑平顺。泥窑至少泥两层，粗泥一层，细泥一层，也有泥三层的。日后住久了，窑壁熏黑，可以再泥。

第三步是扎山墙、安门窗。窑泥完之后，再用土坠子扎山墙、安门窗，一般是门上高处安高窗，和门并列安低窗，一门二窗。门内靠窗盘炕，门外靠墙立烟囱，炕靠窗是为了出烟快，有利于窑洞环境，对身体好，妇女在热炕上做针线活光线也好。

经过这几步的挖掘修整，窑洞基本挖成。

民间流传着这样一句话：“有百年不漏的窑洞，没有百年不漏的房厦。”可见窑洞的坚固、耐用，在当地有着上百年甚至上千年的窑洞。由人们劳动挖掘出的窑洞，有着独特的居住价值和文化内涵。但是随着经济的发展，窑洞废弃的多，挖掘的少，这种挖掘方式会越来越不被人知道。所以希望在这些窑洞还存在的时候、会挖掘窑洞的人还健在时，保存一些资料，希望这种精神能够被后人继承，让炎黄子孙热爱、保护它。

（三）窑洞的建筑艺术

“建筑是凝固的音乐，音乐是流动的建筑”。

窑洞作为地下空间生土建筑类型，其建筑艺术特征又与一般建筑大相径庭。窑洞建筑是一个原生态的系列组合。窑洞的载体是院落，院落的载体是村落，村落的载体是山或川、或大自然的黄土。这种建筑造型的艺术特色，是从宏观的窑洞聚落的整合美到微观细部的装饰美，是地地道道的黄土高原上的特产，可以称之为“窑”字号了。

窑洞村落将苍凉和壮阔背景中的满地黄沙化呆板单调为神奇，体现出“田园风光”的情趣；将黄土沟壑梁峁区靠崖窑洞建筑群落以峰回路转、渐次感受的变化美感受于人。民国本《宜川县志》说抗战时期，邑东兴集

碛口镇西湾村民居

黄土高坡上的建筑风貌

山西碛口镇西湾村民居

镇“就沟崖为窑，沟之双方，均倚坡重叠窑孔三四层。入夜，各窑灯火齐明，远望之如西式楼房，一时人皆比之为上海四马路云”。把阶梯式窑洞的防空功能和夜景的主观层次感受美写得淋漓尽致。窑洞或以院落为单元，或以成排连成线，沿地形变化，随山就势，成群、成堆、成线地镶嵌于山间，构图上形成台阶型空间，给人以雄浑的壮美感受。

延安窑洞是世界上最大的窑洞建筑群

类似这种阶梯式窑洞和群体集镇靠崖式窑洞群在20世纪后半叶还有很大的发展。榆林行署旧址窑洞群、榆林农校旧址窑洞群、米脂中学窑洞群以及新建的延长县岔口乡光华中学窑洞群等，都是这种多孔、多排的靠山式石拱或砖拱窑洞。由此形成的上下立体、左右呈线型的聚落，白日或掩映于树丛之中，或衬托于黄土之上；夜晚则各窑灯火齐明，确有“遥望之如西式楼房”的感觉。延安大学窑洞群竟达三百二十四孔之多，真是蔚为壮观。

多数情况下，梁峁壑区窑洞大多依山峁沟谷的凹凸褶皱走向，从而避开泥石流、洪水、塌方、斜溜之害，选取汲水、

陕西至今还保存着上百年甚至上千年的窑洞

耕地方便地段，顺势于梁峁沟谷间，形成不规则的构图。一座座院落随山就势，妙踞沟谷，依偎于黄土的怀抱中。村道蜿蜒上下，交通四邻，鸟语花香，空气清新。随着阳光的转移，晨昏变幻，山景树色，巧妙地诠释了“山气日夕佳，飞鸟相与还”之妙。大自然消解了人类拥挤的喧闹；窑洞赋予了山体活跃的生命，其乐融融，一派田园风光景象，好似神笔绘就的水墨画，给人以一种疏离的静谧美。

四 丰富多彩的种类与类型

窑洞建筑的布局结构上分为三种形式

（一）窑洞在我国的分布与划分

1. 中国居住文化的四大类型之一——地穴式建筑类型

我国华北、西北地区的黄土高原，土层深厚、直立性强、含水量少，在多年的雨水冲刷下，形成冲沟、断崖，有利于窑洞的开掘。长期以来，窑洞应用十分广泛，并形成了陕北、陇东、豫西、晋中等几个大的窑洞居住区，这里百分之七十以上的人家尚居窑洞。人们根据山、川、塬等不同地理条件，选择向阳、近水、干活省力、土地坚实的地方开掘窑洞。窑洞拱顶式的构筑，符合力学原理，顶部压力一分为二，

檐廊上的精美雕刻

人们往往选择向阳、近水的地点开掘窑洞

分至两侧，重心稳定，分力平衡，具有极强的稳固性，经过几辈人，风雨过来，几易其主，修修补补，仍不失其居住价值。

2. 窑洞在我国的分布

我国是一个窑居比较普遍的国家，新疆吐鲁番、喀什，甘肃兰州、敦煌、平凉、庆阳、甘南，宁夏银川、固原，陕西乾县、延安，山西临汾、浮山、平陆、太原，河南郑州、洛阳、巩县以及福建龙岩、永定和广东梅县等地区都有窑居村落的分布。陕西窑洞主要分布在陕北，指陕西省延安、榆林等地的窑洞式住宅，它建在黄土高原的沿山与地下，是天然黄土中的穴居形式。

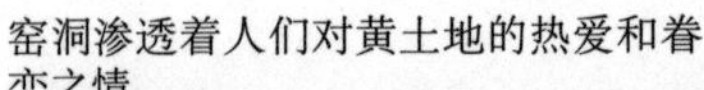
窑洞渗透着人们对黄土地的热爱和眷恋之情

3. 窑洞区的划分

中国窑洞民居按其所处的地理位置和分布的疏密，可划分为六个窑洞区：

窑洞屋檐的设计明快大方

陇东窑洞区：大部分在甘肃省东南部与陕西接壤的庆阳、平凉、天水地区的陇东高原一带。

陕西窑洞区：主要分布在秦岭以北的大半个省区。集中在渭北、延安、陕北地区。

晋中南窑洞区：分布在山西省太原市以南的吕梁山区。

豫西窑洞区：分布在河南省郑州市以西的黄河两岸，巩义、洛阳、三门峡、灵宝等市。

河北窑洞区：主要是河北省西南部、太行山东部地区。

宁夏窑洞区：主要在宁夏回族自治区中东部的黄土塬区。

据初步统计，自解放至今，我国的窑居群众总数达一亿一千万，目前仍采取窑居方式者则有四千万人之多。其分布区域以经济欠发达的中西部为主，很多贫困户居住的土窑，年久失修，暴雨洪水、滑坡、泥石流等自然灾害造成窑洞房屋倒塌或年久失修濒临倒塌，广大窑居人民群众随时面临着生命危险。

别致精巧的窗子

（二）众多窑洞的种类与分类

1. 庆阳窑洞的种类

有人曾将陇东黄土高原区喻为“如挂在云雾中的洞天神府，似镶嵌在黄土高原上的颗颗明珠。”因为陇东黄土高原是天下黄土最深厚的地方，而窑洞更是密密层层，鳞次栉比。

庆阳窑洞的种类很多，细算可分十多种，但按大类分为三种：

明庄窑: 也叫崖庄窑。它一般是在沟边、山畔，利用崖势，先将崖面削平，然后修庄挖窑。“陶复陶穴”中的“陶复”指的就是明庄窑，有一庄三窑和五窑的，也有五窑以上的。宁县瓦斜乡有一个大窑洞历时千年之久，占地二百平方米，一门五窗，窑内可容纳数百人集会。在董志塬、草胜塬等大塬上，也有利用胡同修庄的，由于崖势不高，不得不下挖几米再挖窑，往往形成三面高，一面低，这种庄子被称为半明半暗庄。

土坑窑：这种窑基本都在平原大坳上修建，先将平地挖成一个长方形的大坑，一般深五至八米，将坑内的四个面都削成

建筑层叠复杂的碛口镇窑洞

崖面，然后在四面崖上挖窑洞，并在一边修一个长坡径道或斜洞子，直通塬面，作为人行道。“陶复陶穴”中的“陶穴”即指这种下沉式地坑庄。这种窑洞实际上是地下室，“冬暖夏凉”的特点则更为显著。

箍窑：箍窑一般是用麦草黄泥浆和土胚

窑洞按照用途分为很多种类

砌成基墙，拱圈窑顶而成。窑顶上填土呈双坡面，用麦草泥浆抹光，前后压短椽挑檐，有钱的人还在卜面盖上青瓦，远看似房，近看是窑，用长方形石块箍的窑洞称石箍窑。

庆阳窑洞按用途分还有很多种。高窑就是在正窑面或在庄子崖面正面两窑口之间的上部，挖小窑一孔，修阶梯而上，可以高瞻远瞩，多为防盗而用。拐窑则是在窑内一侧挖一小窑洞，多为储藏贵重物品或粮食而用。住家窑洞因用途不同，名称也有所不同，有客屋窑、厨窑、羊窑、中窑、柴草窑、粮窑、井窑、磨窑、车窑等等。

碛口镇民居窑洞一角

碛口镇民居窑洞

2. 陕北窑洞的分类

“土打的窑洞丈二宽，夏天凉来冬天暖”。陕北的窑洞大体上可以分为三类：土窑洞、石窑洞和砖窑洞。土窑洞是利用黄土的特性，挖洞造室修成的窑洞，一般深七到八米，高三米多，宽三米左右，最深的可达二十米。土窑是直接在黄土形成的崖壁上挖孔形成居室，多数在内部加盖砖或石墙，以防止土层倒塌；石窑洞是用石头作建筑材料，深七到九米，宽、高皆为三米左右的石拱洞；砖窑的式样、建筑方法和石窑洞一样，外表美观。

窑洞一角

砖窑、石窑：在平地上用砖或石头搭成墙壁和上部的拱，然后人工盖上土。除此之外，还有一种接口窑洞，也称砖（石）面窑，是上面两类的混合，介于土窑洞和石、砖窑洞之间的窑洞，一般是在土窑洞前开大窑口，加砌石料或砖砌窑面，外观类似石窑洞和砖窑洞。

一户人家一般需要三孔以上的窑洞。正窑（一家之长居住的窑洞）向南或向东。各个窑洞可以并列，上下排列用磴道或梯子相连，或者围成四合院形式。黄土高原比较缺乏木、石等建筑材料和烧砖、瓦所

窑洞分为很多种类

需的燃料，但有质地细密的黄土层。窑洞特别是土窑充分利用了这一情况。外部的土层有利于室内恒温和隔音，下面是实地的地板可以大量承重。易燃材料不多，因而火灾不易传播。缺点是只能单层建筑，不耐雨淋，内部容易潮湿。而且室内光线、透气比较差，地震来临时容易倒塌。

3. 其他分类

靠崖式窑洞（崖窑）：崖窑即沿直立土崖横向挖掘的土洞，每洞宽约三到四米，深五至九米，直壁高度约两米余至三米余，窑顶掘成半圆或长圆的筒拱。有靠山式和沿沟式，窑洞常呈现曲线或是折线型排列，有和谐美观的建筑艺术效果。在山坡高度

人们在窑洞前扭起大秧歌

允许的情况下,有时布置几层台梯式窑洞,类似楼房。并列各窑可由窑间隧洞相通,也可窑上加窑，上下窑之间内部可掘出阶道相连。

独立建筑式窑洞

下沉式窑洞（地窑）：下沉式窑洞就是地下窑洞。地窑是在平地掘出方形或矩形地坑，形成地院，再在地坑各壁横向掘窑，多用在缺少天然崖壁的地段。人在平地，只能看见地院树梢，不见房屋。主要分布在黄土塬区——没有山坡、沟壁可利用的地区。

独立式窑洞（箍窑）：是一种掩土的拱形房屋，以土坯或砖在平地仿窑洞形状

靠山式窑洞常呈曲线或折线型排列

箍砌的洞形房屋，不是真正的窑洞。有土墼土坯拱窑洞，也有砖拱石拱窑洞。这种窑洞不需要靠山依崖，它能自身独立，又不失窑洞的优点。箍窑可为单层，也可建成为楼。若上层也是箍窑即称“窑上窑”；若上层是木结构房屋则称“窑上房”。

（三）豫西窑洞

豫西邙山是黄土高原的一个组成部分，地处豫西的河南洛阳史家屯有一座拥有二百多年历史的地下窑院。史家屯在207国道旁，离洛阳市区大约二十分钟车程。从国道转右的一个个农家小院，走近可以发现这里别有洞天，遐迩闻名的地下窑院就在此地。拨开草儿，一个四方形的洞口出现在眼前，足有好几米深，入口就在距离窑洞不远的地方。拾级而下，大约走五六米向左转，就会看见一条十来米长的小道，一直通到地下一个四方形的院落，感觉就是一个地面上清静的小院落。由于来往游客较多，地面上已经磨得比较光溜。据主人介绍，这个窑院掘地八米，一共有五六口窑洞，是十几个人花了一年的时间才挖好的。住地下窑洞除了可以节省建筑成本外，还能躲避战争带来的毁坏。窑洞周围，用砖头砌着，装有木门，上面有圆形窗户，钉有纱窗，防止蚊虫进入。窑长八尺，宽八尺，这样的结构最牢固，其他几口窑都是这样的尺寸。在地下窑洞院落里，有一口古井，虽然早就不在此打水喝了，但它却充分发挥起水井天然冰箱的功能，天气热时，不用费电就可以喝到冰凉爽口的饮料。有空时后辈们就聚在窑洞里，搓搓麻将，凉爽惬意。时光流逝，古朴地下窑洞生活也成为一种珍贵的记忆。

（四）陕北窑洞

陕北，通常是指长城以南、黄河以西、子午岭以东、桥山以北的广大地区，总面积约80744平方公里，包括延安、榆林两个地区，共二十六个县市。陕北窑洞历史悠久，2004年，

下沉式窑洞主要分布在黄土高原地区

陕北的窑洞民居是我国黄土文化的重要代表

考古工作者在陕北的吴堡县相继发现了两座原始社会龙山文化时期（属新石器时代晚期）的石头城，其中就有窑洞式房址近七十座。时至今日，虽然面对着楼房的巨大冲击，但就整个陕北地区而言，这一带居民的主要居住形式还是窑洞。特别是在广大的农村地区，居住率几乎达到了100%。位于黄河中游、属黄土高原丘陵沟壑区的延安地区，无论是城镇或乡村，窑洞仍是人们最主要的居住形式。像米脂的姜氏庄园、马氏庄园、常氏庄园等地主庄园的设计者更是独具匠心，把其他建筑风格和窑洞建筑结合在一起，集陕北窑洞几乎所有的优点和其他建筑风格的优点于一体，美观大方而又气势恢弘，是陕北窑洞的精华和典范。

陕北窑洞民居是我国黄土文化的重要象征，是原生态与生土建筑的代表，它是我国建筑文化中的宝贵遗产，又是研究陕北文化的重要组成部分，更是陕北文化与艺术的发源地。黄土高原的土崖畔上，正是开掘洞窟的天然地形。人类的居室大都因地制宜而营造，在黄土高原表现得尤为突出。陕北的历史与人文故事，首先是从

窑洞被装饰得喜气洋洋

窑洞民居开始，只有真正弄懂窑洞民居，才能清楚地了解陕北的一切，原生态文化与黄土窑洞有着密不可分的渊源。

陕北窑洞的装饰是别具一格的，素有“神仙洞”的美誉。窑洞内部装饰包括窑洞别致的设计，如窑洞内部形状、过洞（即在两孔窑洞中间的小门）及掩饰过洞的门帘等。窑洞的外部装饰指除了窑洞窗子的手艺、窑洞窗子的材料和花样及其工艺、窑洞门帘的样式和花色、窑顶花栏的样式等这些与窑洞直接相关的部分，还包括门前院子的样式和干净程度、石碾子、石磨、庭前花卉树木的品

窑居者以剪纸装饰窑洞

种和繁茂程度、燕子窝、大小门和石墙、晾晒的粮食和辣椒等。窑洞的内部装饰在很大程度上决定了当地人对这家主妇的评价；窑洞的外部装饰则显示了主人是否勤劳以及该家庭的富裕程度。

黄土高原沟壑纵横，色彩单调，为了美化生活，窑洞的主人们以剪纸装饰窑洞。延安窑洞的窗户是整个窑洞中最讲究、最美观的部分，由木格拼成各种美丽的图案来修饰拱形的洞口。窗户分天窗、斜窗、炕窗、门窗四大部分。窗户有两种，一种是1平方米左右的小方窗；另一种是约3—4平方米的圆窗。窑洞的窗户是窑洞内光线的主要来源，窗花贴在窗外，外看颜色鲜艳，内观则明快舒适，从而产生一种独特的光、色、调相融合

独立式窑洞是一种掩土的拱形房屋

的形式美。窑洞一般修在山腰或山脚下的向阳之处，窑洞上面的脑畔多栽树木和花草。

（五）天井窑院

天井窑院既是游览农村的一大景观，也是研究黄土高原民俗和原始“穴居”发展演进的实物见证。天井窑院，俗称“地坑院”，早在四千多年以前就已经存在了，现在河南三门峡、甘肃庆阳及陕西的部分地区还有分布。其中河南三门峡境内保存得较好，至今仍有一百多个地下村落、近万座天井窑院，依旧保持着“进村不见房，闻声不见人”的地下村庄景象，其中较早的院子有二百多年的历史，住着六代人。地坑院，顾名思义就

天井窑洞

是在地上挖个大坑，形成天井，然后在坑的四壁上挖出洞穴作为住宅。这种住宅是老百姓根据当地的气候条件、特别是干旱少雨的情况和土质状况创造出来的一种具有地方特色的居住形式。

天井窑院一般为独门独院，也有二进院、三进院，即多个井院联合，有人称它是“地下的北京四合院”。旧时候村民对修建窑院十分重视，建前必先请阴阳先生察看一番，根据宅基地的地势、面积，按易经八卦决定修建哪种形式的院落。一般分四种类型：一是东震宅。长方形，凿窑八孔，南北各三孔，东西各一孔，门为正

离石市临县碛口镇窑洞

南方，厨房设在东南；二是南离宅。长方形，共凿窑八至十二孔，门为正东方，厨房设在东南；三是西兑宅，群众叫西四宅。正方形，凿窑十孔，东西各三孔，南北各二孔，门走东北方，厨房设在西北；四是北坎宅。长方形，凿窑八至十二孔，门走东南方，厨房正东。东西南北各按易经八卦排列，主窑高3—3.2米，可安一门三窗，其余为偏窑，高为2.8—3米，一门二窗。窑洞深7—8米，宽3.3—3.5米。

如今当地政府已经在此开发了天井窑院“农家乐”旅游项目。打油诗“远望不见村庄，近闻吵吵嚷嚷；地上树木葱茏，地下院

古时建筑民窑和当时的战乱时局有着直接联系

依山而建的窑洞

落深藏”就是对河南西部民居的描述。的确，这里的民居相当的独特，各式各样的窑洞全都深藏在地面之下，就是站在二三十米远的距离往前望，也绝不会想到不远处的地面下居然有一个热闹非凡的民居院落。

位于河南西部的陕县、三门峡市湖滨区和渑池县的部分乡村，古时候被称为“陕州”。据有关专家考证，这片丘陵地属于秦岭东部余脉。由于古代战乱频繁，民居常常被官兵或入侵者毁坏，人们只好因陋就简，在黄土坡上挖孔窑洞居住。由于邻近黄河，每到冬天这里北风凛冽，寒冷无比。经过长期实践，劳动人民寻找到了一种更好的居住途径——

窑洞浓缩了陕北人和黄土地的别样风情

在平地上往下挖一四方块的井，长宽各二十余米，深约五米。然后在下面的井壁四侧往四个方向掏挖窑洞，形成居住院落。这样一来，上面再大的风也刮不到下面来，这个天井窑院便成了人们温馨安逸的家。村民们的窑洞各具特色，各显神通。有的是拐弯儿窑，就是进了窑洞后往左或往右一拐，里面别有“洞天”；有的是连套窑，就是一个窑洞与另一个窑洞套在一起；还有的窑洞开挖得十分讲究，就像城里人的单元房，把卧室、储藏室和小客厅连为一体。窑院的奇特构思、科学设计和精巧造型，

装修现代的窑洞

碛口镇远景

充分体现了当地人民的勤劳智慧，也是劳动人民富有创新精神的历史见证。当地人就连窑洞盘炕、院中栽树都有说辞，彰显了传统宗教文化影响之深厚。

窑院形成的背景有三：一是当地独特的地质条件，位于陕县西张村一带的黄土塬区，水位较低，就地挖井取水、凿窑而居，真是舒适的居所。二是独特的地形地貌和气候条件。豫西地区气候干旱，地势的平缓又使雨水出路畅通，不会造成坑院积水。窑洞里盘的火炕祛除了洞中的潮气，也为冬天取了暖。三是社会经济背景。陕县的天井窑院建造最

延安石窑宾馆

广泛时期是在19世纪50—70年代。当时的经济落后，挖凿窑院除人工以外几乎不需要花销。地下住人地上做农粮收打的场地，不失为最佳场地搭配。

（六）世界最大的窑洞建筑群——延安石窑宾馆

延安大学6排226孔窑洞和延安石窑宾馆8排268孔窑洞建筑群被列入《吉尼斯世界纪录大全》，是世界上最大的两处石窑建筑群。位于杨家岭的世界上最大的窑洞建筑群——延安石窑宾馆，现在已经成为延安旅游的一个新亮点。这座独特的宾馆按三星级标准建造，依山而建，共有从低到高8排268孔窑洞，建筑整体设计吸取了窑洞冬暖夏凉、天然调温的特点，并融入丰富多彩的陕北文化底蕴。每排窑洞门前摆放着石磨、石碾和石桌椅；窑洞墙上挂着手工绘制的农民画；镂空的格子窗上，贴着陕北剪纸，充满了浓郁的陕北农家气息。为适应旅客的不同需要，有些窑洞里放着床，有些窑洞则是传统的火炕。窑洞内配有卫生间，生活设施齐全，环境干净整洁。延安市开发的这些以窑洞为主的景点，向外界展示了窑洞这种古老建筑的魅力。

五　无可取代的窑洞印象

窑壁一般用石灰涂抹，内部干爽、亮堂

（一）窑洞的优点

从古到今，窑洞在人类生存环境和生活方式中具备许多优点，其价值经得起历史和文明进程的验证。

1. 保温隔热，冬暖夏凉

窑居者关于窑洞“冬暖夏凉”的共识自古流传。河南《新安县志》中就有记载：“窑中夏凉冬暖。”甚至儿歌谜语“我家住的无瓦房，冬天暖和夏天凉（打一物）——窑洞”也体现的是窑洞冬暖夏凉的特点。《庆阳府志》载诗云“沙女怜无一寸纬，土窑三冬火作衣”，苦涩的笔调描绘了窑居者缺衣少食的困窘状况，但同时也反映出了

建在山上的窑洞

以窑洞取得温暖，得以延续生命的“解酣”办法。

作为窑居主体的广大农民，“保温隔热”使他们享受到了舒适的体感和省钱的好处。从可持续发展的角度来讲，更是节约了能源。面对能源危机的严酷现实，窑洞的节能效应已在环保专家、建筑学家与公众三者之间取得了共识。节能的结果是减少了二氧化碳的排放量，其深远意义则是对“只有一个地球”的保护。

科学家认为，人类最适宜的生活环境，其温度在16℃—22℃的范围内，相对湿度在30%—75%的范围内，而黄土恰恰是绝

临县窑洞

好的保温隔热建筑材料。天然洞穴的温度基本保持在5℃—8℃之间。据对山西省临汾地区窑洞室温测定，在3—5米厚的黄土覆盖下，每年4月—10月窑内温度和湿度与窑外相同，夏季窑内较窑外低10℃左右，而冬季窑内温度又较窑外高15℃左右。在河南省巩县，最冷的1月份，窑外为1℃，窑内不举火也在11.27℃，窑内外温差达10℃以上。除了特殊的薄壳拱顶外，窑洞顶部必有覆土，土窑顶覆土多在3米以上，独立式窑洞也在1—2.5米之间。覆土的作用有三：一是压顶作用，二是保温隔热，三是调剂湿度。黄土高原地区干旱少雨，冬季的窑外湿度仅为2%—15%，俗谚有云“冬不生火暖融融，夏不摇扇凉清清”。这是由于窑顶覆土涵养的水分经下渗可使窑内湿度保持在30%—75%的范围内，甚至可保持在35%—50%的最佳状态，起到了灭菌滤尘的作用。窑洞内温度、湿度接近于人的生理适应范围且相对稳定，再加上窑内举火煮饭和热炕，所以无论冬夏，温度会很快调适在20℃左右，是最舒适的居住环境。

挂着红灯笼的延安窑洞

2. 施工简便，节省木材，造价低廉

除四面临空俗谓之“四明头窑”和束条拱顶柳笆庵之外，沟壑区多数石拱窑均就地采石箍窑。材料无需烧制，也不必耗资，节约了能源和运输费用。而节省木材更是具有双重意义，不仅保护了植被，而且大大降低了工程造价，正如《闻喜县志》所说“所砌之窑，固而耐久，亦见古时木材贵，而人工贱也”。民国八年二十五卷石印木更有解嘲对联云：“分明是钱短木料贵，还落个冬暖夏天凉。”所有的这些，从技术上说是节约“资金”。而窑洞的老祖宗——土窑是一律缘崖面掘进而成洞；下沉式窑洞更是先下掘而成坑，再平钻而成洞，更

过去，陕北农民有了窑，娶了妻，才算成了家，立了业

部分陕北窑洞是大自然的产物

以纯生土为建筑材料而以“减法”营造，这样一来，工程造价全在“工”上，而省了“料”费。

据洛阳市建设委员会窑洞调查组调查，一般天井式窑院单位面积每平方米用工 1.8 个，造价每平方米 12 元，一孔 27 平方米的土窑，土工造价仅 324 元，加上木工 5 个工日，一孔窑所需费用仅 500 元左右。直到今天，一孔窑工程造价也仅仅需要 2000 元左右；豫西掘一套地坑窑（最少 6 孔）也仅 9000 元。黄土高原区农民传统的营造方式是帮工，作为一种生产习俗，即使在市场经济条件下，也一时难以推翻。谁家要打窑，亲戚邻里都会前往帮助，除了少量的资金和必备的材料

陕北窑洞民居一景

外，只管饭就行。这样下来，一孔土窑几十平方米，其建筑面积工程造价尚不及大城市居室一平方米的价格。当然，砖拱室的建筑材料是砖，砖是需要烧制的。可是砖的原材料是生土，仍是就地取材。所需费用只是脱坯烧制匠工工钱和燃料两项，亦不失为经济划算的一种材料选择。

3. 节省耕地，保护环境，具有生态文明意义

打土窑是凿洞，不占或是很少占用地表，而是向地下争得居住空间。在丘陵沟壑区，由于要减少占用耕地和获得良好的土质，土窑多建在不宜耕种的陡崖部位。削崖和掏窑所残留的土又供院子和硷畔使用，更把水土流失的斜坡变成水平的地坪，和修造梯田一样，具有水土保持的作用。与此同时，由于不破坏地表植被，不破坏自然风貌，有利于绿化，对摆脱生态危机，维护生态平衡具有不可替代的环境价值，不愧为生态建筑。我国耕地以每年 2000 万亩的速度锐减，人均占有土地已由建国初的 26 亩减少到 1995 年的 7 亩，人均占有耕地由 20 世纪 40 年代末的 2.7 亩减少到 1995 年的 0.7 亩，而人口却以千分之十递增。

面对这样严酷的现实，继《为黄土高原的“寒窑”呼唤春天》一文发表之后，窑洞专家任震英总工程师又大声疾呼：千万勿“弃窑建房”“别窑下山”！

以生土作为建筑材料，具有就地取材、减少运输费用、节省木材、施工简便、造价低廉、保温和隔热性能优越等优势，这便是窑洞为什么自古至今大行其道、历久不衰的主要原因。“风吹熟的陈墙，火烧熟的旧炕，日头晒熟的脑畔，柞子捶熟的胡真”“场不长路长，房屋不长窑长”，俗谚中的“熟”是指宜于种植的“熟土”；所言的“长”是指宜于庄稼生长。这些民

米脂县窑洞

谚都在说明倒塌或拆除的窑洞所产生的建筑垃圾，在经历了长年累月的风化作用及一系列复杂的变化涵养过程后，生土已经变成富含腐殖质的“熟土”，回归到大自然中。由造价低廉的生土变为宜于植物生长的地表“熟土”的衍化过程，从有用到有利，完全是良性循环。从这个角度上看，窑洞生土可称得上是绿色建筑材料。又由于黄土的直立性强，所以自古及今，一直成为原始洞穴和窑洞的主要建筑材料。但毕竟黄土土质相对松软，建筑学家在利用这种绿色建筑材料的同时，正在寻求一种使其变为高强度建筑材料的解决办法。在发达国家中，由于生态环

黄土高原地区的窑洞大多成群而建

窑洞有很多优点

境意识的提高，用生土建造的别墅已成为人们回归自然的一种追求。法国、美国、巴西等国家，自1980年以来用新型的土坯建造了大量别墅，研制出多种高强度的土坯机具，并向非洲等发展中国家推广。可见，窑洞作为生土建筑，又具有了生态文明的意义。

4. 窑居者长寿

古代人早就发现了窑居者长寿的秘密，故把结婚新房称之为“洞房”，对联横额常书“洞天福地”。古人又常把窑洞和“仙”联系起来，由凡人转化的长生不老的“仙人”往往是住在洞中“得道”的，称为“洞仙”。

陕县张村镇庙下村窑洞内农具

剔除其迷信的成分，揭去其玄之又玄的面纱，长生不老也是以洞居者长寿为根据演化而来的。

居于窑洞中，由于黄土的庇护，阻隔了大气中放射性物质辐射对人体的危害。久居窑洞者几乎很少患眷瘙痒、赘疣、疹子等皮肤病，支气管炎、哮喘等呼吸道疾病，风湿性心脏病心患者较少。前苏联时期医疗界曾据此试验“山洞疗法”，让患有这些病的患者们居于山洞，治疗半个月，其支气管炎治愈率达 84%，哮喘病治愈率竟达 96%。我国医学工作者根据洞穴中特殊的微气候环境能提高人体免疫力和抗病力的功能，创造了集

陕县天井院窑洞内在蒸馒头

地质学、环境学和医学于一体的新型学科。洞穴医疗在我国也有大的发展，利用广西柳州响水岩洞18℃—21℃的恒定温度环境和洞内的特殊微气候环境，首创洞穴医疗站。除了治愈上述几种疾病外，还对诸如尘埃性气管炎、鼻炎、肺炎、枯草热、百日咳、高血压、多发性神经炎等顽症进行治疗，已经取得了可喜的疗效。

科学家们研究发现，生长在黄土地带的植物富含微量元素硒和锰。硒具有减少脂肪积聚和延缓人体器官老化的作用；而锰元素在人体内利于防止心血管病。科学家还发现，硒还有抗氧化功能，有可能防止或减轻SARS病毒对肺组织造成的损伤；硒还能调节机体的免疫功能，从而增强人体抗病能力。

窑洞的独特建筑方式有利于居住者的身体健康

窑居者高寿的原因之一是窑洞可以防止乃

窑洞隔音隔噪，这也许是窑居者长寿的原因之一

至隔绝噪音和光辐射，因此消除了人的紧张情绪。在窑居区耳聪目明的老者比比皆是，失眠、神经衰弱和精神病患者也大为减少。黄土窑洞由于覆土厚，两窑之间相隔距离大，加上居住分散的特点，现代机械设施一时难以被穷乡僻壤普遍接纳，没有外界车水马龙的闹市，也没有难以忍受的工业噪音，所以夹杂在大量噪音中的次声波自然少之又少。窑洞能防止和消除疾病顽症，又避免了高度发展的现代文明“带来的污染”，长寿就成为自然而然的事了。据有关单位对山西省阳曲县窑洞居民的调查，男女平均寿命在70岁左右，95岁以上的老者屡见不鲜。

延安黄土高原地区窑洞

5. 减灾建筑

由于土层厚，窑洞又具有了防空、防火、防震的功能。早在18世纪中叶人们就认识到，由于窑洞纯属土体或砖石结构，一孔之内失火，就算自家烧个精光，也不会殃及邻窑，当然也不会损坏主体拱洞，降低了建筑物的损失。清乾隆本《延长县志》中有云："凡窑必筑炕，饮食卧起俱焉，不唯陶复陶穴，犹留古风，而冬暖夏凉，不虞火灾，亦胜算也。"从统计资料看，窑洞和其他地下生土掩体建筑在我国大的地震灾害中，建筑物损失程度最小。从灾害学的角度讲，窑洞是最典型的"减灾建

延安枣园窑洞一景

筑”，如此命名的根本原因还在于它是地下掩土建筑。“地下”的含义是它深藏于地球母亲的怀抱中，难以成为攻击目标，所以地下空间建筑又重新引起人们的重视。

（二）窑洞在革命时期的意义

窑洞是民居的一种，和一般意义上的挖穴而居是有很大差别的。窑洞里的人们同样过着幸福的生活，同样能够做出一番伟大的事业来，延安革命的成功就是一个强有力的佐证。抗日战争时期和解放战争时期的十一年间，日本侵略者和国民党军队飞机对延安进行过四十多次狂轰滥炸。有时一天之内就有上百架的轰炸机遮天蔽日而来，投以吨计

延安毛泽东旧居

的炸弹和燃烧弹，窑洞及其与之有连带关系的传统地窖子的庇护起了至关重要的作用，大大减少了人民的生命财产损失，使人们得以以雄厚的人力和军用物资支援前线，取得了抗日战争和解放战争的胜利。从地理学角度来说，陕北是一个因特殊原因被割裂而异常突出的地壳板块。它既不属于关中——中原文化型的地形地貌。它和关中虽然同属一省，但人文地理和自然却迥然相异；也不属于塞外草原瀚海文化型的地形地貌。它与塞外草原沙漠虽然毗连为邻，但在历史上却一直存在着经济和文化的鸿沟；它与晋西、宁东和甘东虽然同属黄土高原，但却被黄河以及上游支流切割开来，形成了经济和文化的离异状态，并成为一个独立性极强的特殊地域。

延安是中国共产党领导全国人民进行民族革命和民主革命斗争的心脏，在大多数人的脑海里，延安的形象是战争、大生产和生死存亡，是艰苦岁月的代名词。如今历史的硝烟已经退去，只剩下几排静静的窑洞，而每个窑洞门口又都钉有一块木牌，上面写着某年某月毛泽东同志居住于此，或是著有哪几本著作。有的虽只住几十天，仍然有著作产生。

六 耕读文明的窑居村落

（一）山西省汾西县师家沟清代民居

山西作为华夏文明的发祥地，有着深厚的文化底蕴，至今保存着占全国 70% 以上的地上文物。许多规模宏大并极具历史研究价值和艺术价值的古村落、古民居被掩藏在交通不便的深山之中。或许是因为交通的闭塞和发展的落后，才使得这些建筑艺术瑰宝得以保存至今。

山西省拥有一处丘陵沟壑地区具有代表性的山地村落建筑群——山西省重点文物保护单位师家沟民居。师家沟村位于汾西县城东南 5 公里处，它三面环山，南临河水，避风向阳，是一块天然的风水宝地，是以“楼上楼，院中院”为布局的清代民居。

冬雪覆盖下的陕北延安黄土高原窑洞

窑洞的确是因地制宜的完美建筑形式

它所具有的独特的空间处理、地形利用、窑洞民居、建筑装饰、雕刻书法等风格，却是许多晋商豪宅大院所无与伦比的。它依山就势而建，错落有致，鳞次栉比，呈阶梯状分布。它的营建思路也值得今人借鉴，曾被国际古建筑学术界认定为山区空间扩张利用建筑体“天下第一村”。气势宏伟的景观洋溢着黄土高原的阳刚之气，可以说是一部山地建筑的经典，是耕读文明的窑居典范。

已经荒废的窑洞

民居创建于清乾隆三十四年（1769年），相传创建人师法泽是意外发财起家的，又有说法是由师家四兄弟做官发达后始建，历经嘉庆、道光、咸丰诸朝，并于同治年间进行了扩建，形成占地面积约十余公顷的集群型、家族式的综合体。师家沟村《要氏族谱》记载：“观其村之向阳，山明水秀，景致幽雅，龙虎二脉累累相连，目观心思以为久居之地面。”主体建筑一周有一条用长方条石铺成的人行道，长达一千五百余米。整个村落既有垂直方向的空间渗透，又有水平方向的空间穿插，充分体现了丘陵沟壑区依山就势、窑上登楼的特点，还融入平原地带多建四合院的空间布局。

师家大院最值得一提的要数建筑雕刻艺术，可以说是清代乡风民俗的集中体现。其中木雕、石雕、砖雕分别装饰着斗拱、栋梁、照壁、柱基石、匾额、帘架、

雕刻精美的石狮

门罩等各个方面，内容丰富、体裁多样。仅以“寿”字为例，变化多样的窗棂图案多达一百零八种。师家沟清代民居历经二百四十多年风雨剥蚀，如今仍基本完整，被誉为“迷宫”“天下第一村”“文物精华窑洞瑰宝”。当地流传着“关好八大门，锁好十小门，行

人难出村”和“下雨半月不湿鞋”的说法，师家沟建筑群为防御自然灾害，设有完整的排水设施；为防御盗匪，家家有地道。然而，由于对师家沟的开发、保护和利用，需要巨额资金投入，这与残破、衰败的现状成为一对矛盾。但是对摄影人来说，这种规模宏大又不失细节的残缺美，反而更加彰显了师家沟的独特魅力和神韵。

康百万庄园

（二）河南省巩义市康百万窑洞庄园

康百万庄园坐落于河南省巩义市（原巩县）康店镇，距市区 4 公里，始建于明末清初。由于它背依邙山，面临洛水，因而有“金龟探水”的美称。“康百万”是明清以来对康应魁家族的统称，因慈禧太后的册封而名扬天下。康百万家族，以财取天下之抱负，利逐四海之气概，秉诚“诚实、守信、勤俭、拼搏”的原则，保持儒家中庸、留余的处世态度，大胆开拓、勇于创新，多次得到皇帝赏赐，数次钦加知府衔，上自六世祖康绍敬，下至十八世康庭兰，富裕十二代、四百多年，成为豫商成功的典范。历史上曾有康大勇、康道平、康鸿猷等十多人被称为“康百万”，其中最具代表性的是清代中期的康应魁。民间

米脂县窑洞颇为壮观

称其“头枕泾阳、西安，脚踏临沂、济南；马跑千里不吃别家草，人行千里尽是康家田”，盛极一时。明清时期，康百万、沈万三、阮子兰被中国民间称为三大“活财神”；民国时期“东刘、西张，中间夹个老康”，是中原的三大巨富之一。而如今的康百万庄园以豫商文化家园深厚的文化底蕴、独特的建筑风格吸引着中外游人。二十世纪六七十年代，河南康百万庄园、四川刘文彩庄园、山东牟二黑庄园，被称为全国三大庄园，康百万庄园作为三大庄园之首，比山西乔家大院大十九倍，且对外开放，轰动河南、闻名全国，被称为中

传统窑洞从外观上看是圆拱形的

康百万庄园一角

康家大院

国第一庄园。

康百万庄园是17、18世纪华北黄土高原封建堡垒式建筑的代表。它依“天人合一、师法自然”的传统文化选址，临街建楼房，靠山筑窑洞，四周修寨墙，濒河设码头，据险垒寨墙，集农、官、商风格为一体，建成了一个各成系统、布局谨慎、规模宏大、功能齐全、等级森严的大型地主庄园。康家大院的一大奇观是在普通生活区，生活区有一处书法雕刻集中的窑洞，在院子的最西头，洞内两侧共有十六块与成人一般高的大石碑，上面雕刻着赞扬庄园主人的诗篇，风格迥异的中国书法在此各显风采。

庄园建筑以寨上主宅区为核心，向寨下其他区域以扇面形式展开，建成功能不同、形式各异的群体院落，既保留了黄土高原民居和北方四合院的形式，又吸收了官府、园林和军事堡垒建筑的特点，被誉为中原艺术的奇葩。1963年6月，被河南省人民政府公布为重点文物保护单位。2001年6月，又被国务院公布为全国重点文物保护单位。2005年，被授予国家4A级旅游景区。不愧为豫商精神家园，中原古建典范。

（三）山西省灵石县王家大院

近年来，山西省以“名城、名山、名院”为优势推出一条精品旅游线路。位于山西省灵

四千多年前人们就依黄土凿洞安身

初冬的王家大院

气势磅礴的王家大院

石县城东 12 公里处的静升历史文化名镇王家大院，距世界文化遗产平遥古城 35 公里、介休绵山风景区 4 公里，同蒲铁路、108 国道纵贯县境，距大运高速公路灵石出口两公里，交通十分便利。王家大院作为我国优秀的传统建筑文化遗产和民居艺术珍品，被广誉为“华夏民居第一宅”“中国民间故宫”和“山西的紫禁城”。另外，还有一个流传很广的口碑——“王家归来不看院”。

王家大院是清代民居建筑的集大成者，由历史上灵石县四大家族之一的太原王氏后裔——静升王家历经清康熙、雍正、乾隆、嘉庆四代皇帝先后建成。拥有“五巷”“五

俯瞰王家大院

王家大院一景

堡”“五祠堂”宏大的建筑规模。其中，分别被喻为“龙”“凤”“龟”“麟”“虎”五瑞兽造型的五座古堡院落布局，总面积达25万平方米以上。现以“中华王氏博物馆”“中国民居艺术馆”和“力群美术馆”开放的红门堡（龙）、崇宁堡（虎）、高家崖（凤）三大建筑群和王氏宗祠等，共有大小院落231座，房屋2078间，面积8万平方米。王家大院的建筑，有着“贵精而不贵丽，贵新奇大雅，不贵纤巧烂熳”的特征，又凝结着自然质朴、清新典雅、明丽简洁的乡土气息。

红门堡、崇宁堡、高家崖三组建筑群比肩相连，都是黄土高坡上典型的全封闭城堡式建筑。外观顺物应势，形神俱立；内部窑洞瓦房，连缀巧妙。看似千篇一律，实际变化万千，博大精深壮观，天工人巧地利，基本上继承了我国西周时就已形成的前堂后寝的庭院风格，再加上匠心独运的木雕、砖雕、石雕，内涵丰富，装饰典雅，实用而又美观，兼融南北情调，具有很高的文化品位。在保持北方传统民居共性的同时，又显现出了各自卓越的个性风采。

王家大院的建筑结构，多采用前院为木构架形制，融历史、哲学、力学、美学为一体，后院为两层窑楼，高层为梁柱式木结构房屋，

亮起了灯火的王家大院

王家大院一景

底层为前檐穿廊的窑洞，构成了典型合理的梁柱式木结构建筑与砖石窑洞式建筑相结合的建筑形式，充分体现了中国古代北方民居坚固、实用、美观的建筑特点。整个建筑设制，集官、商、民、儒四位于一体，在建筑的局部和细微之处，汲取了南方园林建筑的设计风格。将造院技巧与造园艺术有机地融为一体，是王家大院建筑艺术的又一大特色。这样一来，大院成为多元文化体的艺术大殿堂，不愧为我国民居建筑艺术之精品。

七　传统房屋的今天明天

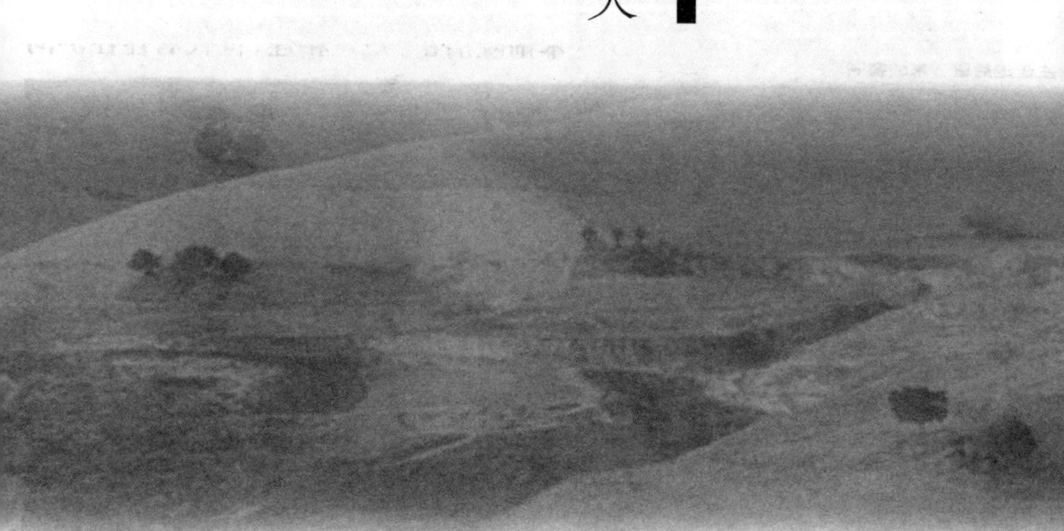

（一）窑居村落的困境

中国窑居建筑具有很强的生态意义和“天人合一”的哲学思想，充分利用地下空间、发挥本地自然材料特性，并在保持生态平衡、自然景观以及节约土地、能源上发挥优势，是最符合我们当代社会所倡导的生态建筑文化范畴的典范。但由于传统窑洞室内通风不畅、采光差、卫生条件不好、潮湿等原因，新一代的农民在物质条件丰富后，大多弃窑建房。很多地方更是把毁窑建房看做脱贫致富的标志。西安近郊浐河边上的月登阁村,原本前院后窑,户户相连，世代居住在浐河西岸的黄土崖

村庄迁走后留下来的窑洞

上，蜿蜒2公里。80年代以来，全村弃窑建房，占用良田8.7公顷。这种绿色建筑遭到了前所未有的破坏和打击，新房子盖成了四方块，在沟道里、在山塬上出现了用铝合金做的窑洞门。

传统的窑居村落正逐步走向衰亡，究其原因主要有以下几点：随着经济发展，人们生活水平逐渐提高，传统的生活方式发生了变化；由于地方生态环境意识淡薄，居住区出现了环境问题；取水方式的变化，使人们摆脱了追随沟下水源的束缚，有条件在高原的平地上建房；传统的窑居村落住户分散，

部分陕北窑洞是大自然的产物

传统的窑居村落正逐渐走向衰亡

山西碛口镇西湾村民居

传统古老的窑洞已经逐渐被淘汰

不利于人际交往，而这种居住形式也不利于现代交通的发展；传统窑洞的卫生状况不易改善，特别是上下水；随着一体化的侵入，当地的老百姓在电视机里看到大城市的高层建筑，还有那些漂亮的乡间别墅，开始为自己居所的简陋和落后感到羞愧，从而使他们的住房观念发生变化，影响对居住形式的选择。另外，老百姓拆除窑洞的现象，也主要是由于政府城市化的宣传导向而导致的。现在的农村很多都像城市居民区，根本不是天人合一、人与自然和谐相处的状态。

（二）将要面临的选择

美国迈阿密大学教授 H·J 德伯里在《人

庆阳市貌

文地理·文化、社会与空间》一书中，把人类赖以生存的居住房屋分成传统房屋、准传统房屋、准现代房屋和现代房屋四种类型。按此分类，黄土高原窑洞民居区如此大的地面，其居住形式仍然是传统房屋和准传统房屋的窑洞。在现代工业的发展和西部大开发战略的实施过程中，黄河中游地区的窑洞聚落区已经成为举世瞩目的能源工业基地。交口河镇、庆阳市、河庄坪镇、大柳塔镇等新的现代工业城镇皆因煤炭、石油和天然气开发的缘故而出现，与此同时，新的准现代房屋也顺势拔地而起。但黄土高原是一个特殊的地面，被贫穷和落后困扰了数千年的黄土高原人仍然居住在传统的黄土窑、柳笆魔、泥顶房中，黄土窑洞辉煌的过去及其在人类居住文化上的历史贡献和科学性是不可磨灭的。放眼于未来，环境污染、生态破坏等现代文明的弊端昭示着窑洞依然具有新的生命力。

实际上，西方国家正在考虑的未来建筑正是这窑洞式的掩体建筑，建筑师们认为这是一种人类回归自然的新型建筑形式。这种

新一代窑洞

延安窑洞夜景

被陕北人认为是最落后的、极希望抛弃的窑洞，还有可能成为最前卫的未来建筑。其建筑形式和陕北的窑洞基本一致，但更讲究植被和绿化，并伴有现代化的室外设备。如今，掩土建筑已得到较为广泛的共识，这是由于全球性的环境与能源、土地与空间、人口与居住等一系列相关问题引起的建筑师们对未来建筑思考的结果。目前，我们最好的选择是对传统的窑居村落进行合理的更新、改造，使其适应现代生活，同时又保留窑居建筑节能节地的生态优势。而现实中当前窑居村落亟待解决的问题也

碛口镇李家山村多层窑洞景观

是很多的，如燃料问题、上下水、建筑材料与技术、太阳能利用、文化娱乐等服务设施、照明与通信、道路与停车。如果能够解决好上述问题，传统的窑洞民居必将走出贫困落后的境地。以保护环境、有效利用土地、节

陕北黄土高原

约能源为特征的新型掩土建筑、生土建筑构成的新型山地村落，必将成为广阔的黄土高原上新的风景。

（三）窑洞不会成为历史

1. 历程与回顾

1980 年 12 月 5 日—10 日，在甘肃省兰州市召开了中国建筑学会窑洞及生土建筑调研协调会，创立了“窑洞及生土建筑研究会”，六大窑洞区除河北省外，各省、区都成立了研究分会，我国著名规划大师任震英出任会长，西安建筑科技大学侯继尧教授、重庆建筑大学陈启高教授、云南省建委总工程师毛朝屏同志和福建省土木建筑学会秘书长袁肇义工程师任副会长。研究会开展了卓有成效的科研实验工作。在省建委的资助下，陕西省乾县张家堡村改建了利用自然空调、太阳能的节能节地实验窑洞；山西省在浮山县做了改善窑洞的多种实验，并实施了美国宾州大学教授吉·戈兰尼博士设计的窑洞革新方案；河南省在巩义市石窑寺小学，做了除湿通风、改善采光的实验；甘肃省在榆中县贡井乡做了改善窑居环境质量的实验，修建了太阳能窑洞，还在兰州市白塔山公园西侧（烧

远眺山西碛口李家山村全景

盐沟），规划建造了一万多平方米的实验窑洞——“白塔山庄窑居小区”。1986年—1987年，白塔山庄第一期工程建成，挂上了窑洞及生土建筑研究会的牌子。《兰州报》《建设报》《人民日报》（海外版）和《中国日报》（英文版）都以《“寒窑”的春天来了》为标题，做了引人注目的报道。

如今，“绿色”“生态”已成为建筑的主题

2. 跨世纪行动

新世纪的到来，人们对未来人居环境、自然生态体系的平衡倍加关心，人类社会在可持续发展的观念上已经达成共识。至此，“绿色建筑”“生态建筑”“可持续发展的设计”已成为建筑学科发展的前沿，这也表现了人类理智和文明的升华。对黄土高原窑洞的研究，已拓展为对黄土高原人类聚居环境的研究，这块历尽沧桑的土地再次成为众多学科研究攻关的阵地。国家自然科学基金委员会对此也加大了资助力度。1996年，西安建筑科技大学的“黄土高原绿色建筑体系与基本聚居单位模式研究”被国家自然科学基金委员会批准为国家重点科研项目。1997年，西安建筑科技大学的“黄土高原土地零支出型窑居村

延安窑洞如陕北人般淳厚朴实，素面朝天

落的可持续发展研究”被国家自然科学基金委员会批准为资助项目。

中国传统文化中有很多非常优秀的东西，只需略加改造，或许就成了另外一种超前的模样。窑洞古城的保护虽然只是陕北生土建筑的一个项目，但它牵扯着人与环境的关系。回归自然，天人合一，保持人与自然之间的平衡关系，是未来世界的一个发展趋势，所以窑洞的保护就显得任重而道远。窑洞保护过程中最关键的是人们要有保护原生态文化的意识。人的观念

石窑宾馆内部

窑洞民居

延安石窑宾馆夜景

要回归到和谐共处、对古代文化和现代文明同样尊重的状态，守护承载着世世代代陕北人感情的窑洞。坚定目标、聚集力量、克服困难为发展中国生土建筑学而奋斗，中国窑洞建筑的春天定会在不久的将来来临！